农药减量控害实战丛书

土壤熏蒸与黄瓜高产栽培
彩·色·图·说

李　园　曹坳程　著

中国农业出版社
北京

前　言

　　黄瓜（*Cucumis sativus* Linn.）也称胡瓜、青瓜，属葫芦科，广泛分布于中国各地，并且为主要的设施蔬菜之一。我国保护地栽培黄瓜由于受条件限制，常常连作栽培，造成营养失衡，土壤有益微生物种群下降，病原菌累积数量增加。黄瓜枯萎病、立枯病、根腐病、根结线虫病、猝倒病等土传病害越来越严重，严重危害着黄瓜的生产。

　　土传病害具有隐蔽性、长期性、复杂性和流行性等特点，难于识别与防治。土传病害的传统防控方法——灌根，具有药效差、用药次数多、易引起农药残留超标等问题，难以满足目前对农产品安全和环境安全的需求。而土壤熏蒸技术是在作物种植前进行土壤消毒处理，可以有效防治土传病害，解决作物连作障碍问题，增强作物抗病性，显著提高果品产量和品质，还能大大减少作物生长期化学农药使用量，有利于环境保护和食品安全。

土壤熏蒸技术在国际上应用已有近70年的历史，广泛应用于不同作物，防治土传病原真菌、细菌、线虫、杂草、地下害虫等。在我国，土壤熏蒸技术才刚刚起步，主要用于草莓、生姜、黄瓜、辣椒、茄子、烟草、花卉、西瓜等高经济附加值作物上。土壤熏蒸技术的具体应用涉及很多关键技术和环节，包括主要土传病害的识别与鉴定，根据土传病害发生情况，筛选、应用合适的土壤消毒药剂及配套的使用技术和方法，并在作物生长期配合清洁化田间管理措施，保障土壤消毒的效果及提高作物产量与品质。在多年田间实践经验的基础上，我们总结了黄瓜相关土壤熏蒸技术应用经验与方法，编著了《土壤熏蒸与黄瓜高产栽培彩色图说》一书，以期为黄瓜高产栽培提供理论指导与经验借鉴，为广大农户增产丰收提供帮助，为中国保护地健康可持续发展做出积极贡献。

著　者

2019年6月

目　录

前言

1

1. 黄瓜枯萎病

黄瓜枯萎病病原为尖镰孢黄瓜专化型[*Fusarium oxysporum* (Schl.) F.sp.*cucumerinum* Owen]，属真菌。

黄瓜枯萎病在整个生长期均能发生，以开花结瓜期发病最多。苗期发病时茎基部变褐缢缩、萎蔫猝倒。幼苗受害早时，出土前就可造成腐烂，或出苗不久子叶就会出现失水状，萎蔫下垂（猝倒病是先猝倒后萎蔫）。成株发病时，初期受害植株表现为部分叶片或植株的一侧叶片中午萎蔫下垂，似缺水状，但早晚恢复，数天后不能再恢复而萎蔫枯死。主蔓茎基部纵裂，撕开根颈病部，维管束变黄褐至黑褐色并向上延伸。潮湿时，茎基部半边茎皮纵裂，常有树脂状胶质溢出，上有粉红色霉状物，最后病部变成丝麻状。

病菌以菌丝体、菌核和厚垣孢子在土壤、病残体和种子上越冬，成为第二年的初侵染源。病菌在土壤中可存活5～6年或更长的时间，病菌随种子、土壤、肥料、灌溉水、昆虫、农具等传播，通过根部伤口和根毛顶部细胞间隙侵入，在维管束内繁殖，并向上扩展，堵塞导管，产生毒素使细胞致死，植株萎蔫枯死。土壤中病原菌量的多少是当年发病程度的决定因

黄瓜枯萎病症状

素之一。重茬次数越多病害越重。土壤高湿是发病的重要因素，根部积水，促使病害发生蔓延。高温是病害发生的有利条件，病菌发育最适宜的温度为24～27℃，土温为24～30℃。氮肥过多以及酸性土壤不利于黄瓜生长而利于病菌活动，在pH4.5～6的土壤中枯萎病发生严重，地下害虫、根结线虫多的地块病害发生重。

2.黄瓜蔓枯病

黄瓜蔓枯病病原为甜瓜球腔菌（*Mycosphaerella melonis*），属真菌。

叶片、茎蔓、瓜条及卷须等地上部分均可受害，主要为害叶片和茎蔓。叶片染病，多从叶缘开始发病，形成黄褐色至褐色V形病斑，其上密生小黑点，干燥后易破碎。茎蔓染病，主要在茎基和茎节等部位，初始产生油渍状小病斑，逐渐扩大后往往围绕茎蔓半周至一周，纵向可长达十几厘米，病部密生小黑点，后期病斑变成黄褐色。田间湿度大时，病部常流出琥珀色胶质物，干燥后纵裂，造成病部以上茎叶枯萎。此病在病部产生小黑点为主要识别特征，茎部发病后表皮易撕裂，引起瓜秧枯死，但维管束不变色，也不为害根部，可与枯萎病相区别。

病菌主要以分生孢子器或子囊壳随病

黄瓜蔓枯病症状

残体在土壤中越冬，种子也可带菌传播。翌春条件适宜时，病菌从水孔、气孔、伤口等处侵入，引起发病。病菌喜温暖、高湿条件，适宜温度20～25℃，相对湿度85%以上。保护地栽培通风不及时、种植密度过大、光照不足、空气湿度过高时发病重。露地栽培主要在夏、秋雨季发生，雨日多、忽晴忽雨、天气闷热等气候条件下易流行。平畦栽培、排水不良、缺肥以及瓜秧生长不良等情况会加重病情。浙江及长江中下游地区黄瓜蔓枯病发病盛期为5～6月和9～10月。此病菌还为害西瓜、甜瓜、香瓜、丝瓜等多种瓜类。

3. 黄瓜立枯病

黄瓜立枯病病原为立枯丝核菌（*Rhizoctonia solani* Kühn），属真菌。立枯丝核菌是土壤习居菌，主要以菌丝体或菌核在土壤内的病残体及土壤中长期存活，也能混在没有完全腐熟的堆肥中生存越冬。菌核暗褐色，不定形，质地疏松，表面粗糙。极少数以菌丝体潜伏在种子内越冬。

黄瓜立枯病症状

一般在育苗的中后期发病，主要为害幼苗茎基部或地下根部，初期在下胚轴或茎基部出现近圆形或不规则形的暗褐色斑，病部向内凹陷，扩展后围绕一圈致使茎部萎缩干枯，造成地上部叶片变黄，最后幼苗死亡，但不倒伏。根部受害多在近地表根颈处，皮层变褐或腐烂。在苗床内，发病初期零星瓜苗白天萎蔫，夜间恢复，经数日反复后，病株萎蔫枯死，早期与猝倒病相似，但病情扩展后，病株不猝倒，病部具轮纹或稀疏的淡褐色蛛丝状霉，且病程进展较慢，有别于猝倒病。

病菌主要以菌丝体在病残体或土壤中越冬，可在土壤中腐生2～3年。病菌适宜土壤pH为3～9.5，菌丝能直接侵入寄主，病菌主要通过雨水、水流、带菌肥料、农事操作等传播。幼苗生长衰弱、徒长或受伤，易受病菌侵染。当床温在20～25℃时，湿度越大发病越重。播种过密、通风不良、湿度过高、光照不足、幼苗生长细弱的苗床易发病。

4．黄瓜根腐病

黄瓜根腐病由寄生疫霉（*Phytoohthora parasitica* Dast）和辣椒疫霉（*Phytoohthora capsici* Leonian）引起，病菌均属真菌。寄生疫霉菌丝无隔，孢囊梗长，孢子囊顶生或间生，卵圆形或球形，卵孢子球形。辣椒疫霉菌丝无隔，孢囊梗直立，顶生孢子囊，孢子囊卵圆形或近圆形，单胞，顶端有明显的乳突，偶有双乳突，卵孢子圆形，淡黄色。黄瓜根腐病可为害黄瓜、辣椒、烟草等90多种植物。

幼苗受害，由子叶和真叶边缘开始，向内产生圆形或不规则形的水

黄瓜根腐病症状

渍状病斑；重者茎端部位和各侧芽（包括花）呈暗绿色水渍状软腐，叶片枯死。植株甩蔓后发病，叶片由叶缘开始出现不规则的水渍状大病斑，扩展迅速。天气潮湿时，病斑扩展也很快，常引起全叶腐烂；天气干燥时，病斑边缘暗绿色，中间淡褐色，常干枯脆裂。

病菌随病残体在土壤、粪肥或附着在种子上越冬，主要靠雨水、灌溉水、气流传播。黄瓜根腐病发病周期短，流行迅速，在高温高湿条件下容易流行，连续阴雨天发病重。

5. 黄瓜根结线虫病

黄瓜根结线虫病病原为南方根结线虫（*Meloidogyne incognita*），属动物界线虫门。病原线虫雌雄异形，幼虫细长蠕虫状。雌虫体白色，呈卵圆形或鸭梨形，体形不对称，颈部通常向腹面弯曲，排泄孔位于口针基部球处，会阴花纹呈卵圆形或椭圆形，背弓纹明显高，弓顶平或稍圆，背纹紧密或稀疏，由平滑到波浪形的线纹组成，一些线纹向侧面分叉，但无明显侧线，无翼，无刻点，腹纹较平或圆，光滑。雄虫细长，虫体透明，交合刺细长，末端尖，弯曲成弓状。南方根结线虫有4个生理小种，小种具有寄主专化性，而且不同小种对同一植株（品种）的致病力也不同。

南方根结线虫主要为害根部。病部产生大小不一、形状不定的肥肿、畸形瘤状结。剖开根结有乳白色线虫，多在根结上部产生新根，再侵染后又形成根结状肿瘤。发病轻时，地上部症状不明显，发病严重时植株矮小，发育不良，叶片变黄，结果小。高温干旱时病株出现萎蔫或提前枯死。

黄瓜根结线虫病症状

南方根结线虫多以二龄幼虫或卵随病残体遗留在5～30厘米深的土层中，生存1～3年，条件适宜时，越冬卵孵化为幼虫，继续发育后侵入黄瓜根部，刺激根部细胞增生，产生新的根结或肿瘤。根结线虫发育到四龄时交尾产卵，雄虫离开寄主钻入土中后很快死亡。产在根结里的卵孵化后发育至二龄后脱离卵壳，进入土壤中进行再侵染或越冬。田间发病的初始虫源主要是病土或病苗。根结线虫生存最适温度为25～30℃，高于40℃，低于5℃都很少活动，55℃经10分钟致死。田间土壤湿度是影响根结线虫孵化和繁殖的重要条件。土壤湿度适合蔬菜生长，也适于根结线虫活动，雨季有利于孵化和侵染，但在干燥或过湿土壤中，其活动受到抑制。沙土地常较黏土田块发生严重。

6. 黄瓜猝倒病

黄瓜猝倒病俗称"卡脖子""小脚瘟""掉苗"等，是冬、春季黄瓜苗期常发病害之一。病原为德里腐霉（*Pythium deliense* Meurs.），属真菌。

病菌在PDA和PCA培养基上产生旺盛的絮状气生菌丝，孢子囊呈菌丝状膨大，分枝不规则；藏卵器光滑，球形，顶生，直径为18.1 ~ 22.7微米，藏卵器柄弯向雄器，每个藏卵器具1个雄器，雄器多为同丝生，偶异丝生，柄直，顶生或间生，亚球形至桶形，大小为14.1微米×11.5微米；卵孢子不满器，直径为15.5 ~ 20微米。菌丝生长适温30℃，最高40℃，最低10℃，15 ~ 30℃条件下均可产生游动孢子。德里腐霉与瓜果腐霉(*P. aphanidermatum*)相似，瓜果腐霉藏卵器柄不弯向雄器，而德里腐霉的藏卵器柄明显弯向雄器。此外德巴利腐霉（*P. debaryanum* Hesse）也可引起黄瓜猝倒病。

德里腐霉侵染黄瓜幼苗引起的猝倒病，发病后12小时根呈浅黄色水渍状，其上长出菌丝，24小时后茎基呈水渍状倒伏，根部变色加深，48小时后，根、茎、叶呈浅黄色水渍状软腐，可在根组织里产生大量卵孢子，致根部的表皮高隆或导致皮层破裂。

黄瓜猝倒病是黄瓜苗期主要病害，保护地育苗期最为常见，特别是在气温低、土壤湿度大时发病严重，可造成烂种、烂芽及幼苗猝倒。低温、高湿、土壤中含有机质多、施用未腐熟的粪肥等均有利于发病。苗床通风不良，光照不足，湿度偏大，不利于幼苗根系的生长和发育，易诱导猝倒病发生。

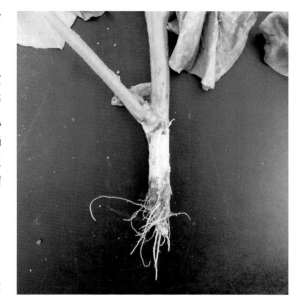

黄瓜猝倒病症状

二、土壤熏蒸技术的必要性及特点

1.土壤熏蒸技术的必要性

黄瓜土传病害发生种类繁多，多年连茬种植，导致土传病虫累积严重，传统控制土传病害一般采用灌根的方法，需要多次用药，并且效果一般，而且极易引起农药残留超标问题。而土壤熏蒸处理的方法是在作物种植前对土壤进行用药，能有效控制土传病虫害的发生，解决作物连作障碍问题，增强作物抗病性，显著提高果品产量和品质，显著降低作物生育期其他病虫草害的发生和农药使用量。所采用的熏蒸剂分子量小、降解快，无地下水污染和农药残留问题，有利于环境保护和食品安全。

2. 土壤熏蒸技术的特点

土壤熏蒸处理是将熏蒸剂注入土壤，熏蒸剂可以均匀分布到土壤的各个角落，可快速、高效杀灭土壤中真菌、细菌、线虫、杂草、病毒、地下害虫及啮齿类动物，是解决高经济附加值作物重茬问题，提高作物产量及品质的重要手段。在种植作物之前，土壤熏蒸剂在土壤中已分解、挥发，不会对作物造成药害。不像常规农药那样需要与植物直接接触而带来农药残留、地下水污染、抗药性产生等一系列问题。土壤熏蒸技术的应用可以大幅减少土传病虫害的发生，减少作物生长期用药，能很好地保护农业生态环境，保障农业的可持续发展。

土壤熏蒸技术具有无选择性的灭杀特性，将有害和有益生物都杀灭。国外研究发现，针对顽固的土传病害，土壤熏蒸是最有效的措施；熏蒸后的土壤2～3个月可自然恢复微生物菌群，且植物的长势好，抵抗力也大为增强，可大幅度提高作物的产量和品质。

三、黄瓜田土壤熏蒸剂的种类

　　目前黄瓜上登记可用于种植前土壤消毒防治土传病害的药剂主要有威百亩、氰氨化钙、阿维菌素、噻唑磷等。

1. 威百亩

　　威百亩（metham-sodium）又名维巴姆、线克、斯美地、保丰收。化学名称为N-甲基二硫代氨基甲酸钠，分子式为$C_2H_4NNaS_2 \cdot 2H_2O$，是一种具有杀线虫、杀菌、杀虫和除草活性的土壤熏蒸剂。

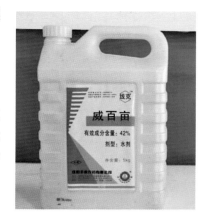

（1）理化性质　威百亩的二水化合物为无色晶体，其溶解度（20℃）水中为722克/升，在乙醇中有一定的溶解性，在其他有机溶剂中几乎不溶。浓溶液稳定，但稀释后不稳定，土壤、酸和重金属盐促进其分解。与酸接触释放出有毒气体，水溶液对铜、锌等金属有腐蚀性。

（2）毒性　大鼠急性经口LD_{50}雄性为1 800毫克/千克，雌性为1 700毫克/千克；兔急性经皮LD_{50}为130毫克/千克。对皮肤有轻微刺激，刺激眼睛、皮肤和器官，与其接触按烧伤处理。对水生生物极毒，可能导致对水生环境的长期不良影响。

（3）剂型及生产厂家　中国生产厂家有利民化工股份有限公司、山东鸿汇烟草用药有限公司、辽宁省沈阳丰收农药有限公司，主要剂型有35%、42%水剂。

美国的Amvac公司、Buckman公司，西班牙、澳大利亚和比利时的多家公司都有生产。

（4）注册信息　CAS号（美国化学文摘社登记号）：137-42-8；

EINECS 登录号：205-293-0；农药登记证号：PD20081123、PD20095715、PD20101411、PD20101546。

（5）应用范围及作用特点　威百亩为具有熏蒸作用的土壤杀菌剂、杀线虫剂，兼具除草和杀虫作用，用于播种前土壤处理。对黄瓜根结线虫、花生根结线虫、烟草线虫、棉花黄萎病、苹果紫纹羽病、十字花科蔬菜根肿病等均有效，对马唐、看麦娘、马齿苋、豚草、狗牙根、石茅和莎草等杂草也有很好的效果。

2. 氰氨化钙

氰氨化钙俗名石灰氮或庄伯伯，分子式为 $CaCN_2$。在土壤中与水反应，先生成氢氧化钙和氰胺，氰胺水解生成尿素，最后分解成氨。在碱性土壤中，形成的氰胺可进一步聚合成双氰胺。氰胺和双氰胺都具有消毒、灭虫、防病的作用。因此可以起到防治土壤中土传病害、线虫、害虫及杂草的作用。氰氨化钙是新一代土壤改良型缓释颗粒肥，由于其在

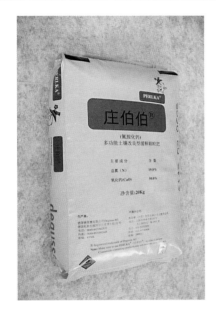

土壤中特殊的分解方式，不但使其在土壤中和作物体内无残留污染，还具有缓释氮肥、降低土传病害的发生及减轻地下害虫、补充钙素、改良土壤等作用。

（1）理化性质　氰氨化钙纯品为白色结晶，不纯品呈灰黑色，有特殊臭味。熔点1 300℃，沸点1 150℃（升华），密度2.29克/厘米^3，相对密度（水=1）1.08，不溶于水，但可以分解。

（2）毒性　小鼠急性经口LD_{50}334毫克/千克；大鼠急性经口LD_{50}158毫克/千克。

（3）剂型及生产厂家　德国德固赛公司生产50%氰氨化钙颗粒剂，该剂型不但适合中国农户安全使用，而且有效成分分解完全、利用率高、使用效果好。其颗粒剂直径为1.5～2.2毫米，在运输和使用过程中均能最大限度地降低粉尘污染，对人和作物更为安全，也是目前各种氮肥中含钙量最高的肥料。

（4）注册信息　CAS号（美国化学文摘社登记号）：156-62-7；EINECS登录号：205-861-8；农药登记证号：LS20030837。

（5）应用范围及作用特点　氰氨化钙在土壤中不但是缓释氮肥、高效长效钙肥，而且具有减少土传病害、驱避杀死地下害虫、抑制杂草萌发、改良土壤、提高土壤肥力和作物品质等作用。同时其在土壤中与水反应，先生成氢氧化钙和氰胺，氰胺水解生成尿素，最后分解成氨。在碱性土壤中，形成的氰胺可进一步聚合成双氰胺。氰胺和双氰胺都具有消毒、灭虫、防病的作用。另外其还可以促进有机物腐熟，从而达到改良土壤的目的。

3. 阿维菌素

阿维菌素（avermectin）又名爱福丁、7051杀虫素、虫螨光、绿菜宝，分子式为 $C_{48}H_{72}O_{14}(B_{1a})$、$C_{47}H_{70}O_{14}(B_{1b})$，是日本北里大学大村智等和美国 Merk 公司合作，于1976年开发的1组十六元大环内酯化合物，具有优良的杀虫、杀螨和杀线虫活性。是 *Streptomyces avermitilis* 菌经发酵后提取而得，共含8个组分，主要有4种，即 A_{1a}、A_{2a}、B_{1a} 和 B_{2a}，其总含量 $\geqslant 80\%$；对应的4个比例较小的同系物是 A_{1b}、A_{2b}、B_{1b} 和 B_{2b}，其总含量 $\leqslant 20\%$。

（1）理化性质 原药为白色或黄色结晶（含 $B_{1a} \geqslant 90\%$），相对分子质量为 $873.09(B_{1a})$、$859.06(B_{1b})$，蒸气压 <200 纳帕，相对密度1.16，熔点 $150 \sim 155\,℃$，$21\,℃$ 时溶解度在水中为7.8微克/升、丙酮中为100克/升、甲苯中为350克/升、异丙醇中为70克/升、氯仿中为25克/升。常温下不易分解。在 $25\,℃$、$pH5 \sim 9$ 的溶液中无分解现象。农药

上常用的阿维菌素乳油，是阿维菌素提炼后的附属品，为二甲苯溶解乳油装，含量在3%～7%之间。制剂外观为浅褐色液体，常温储存稳定期2年以上。

（2）毒性　小鼠急性经口LD_{50}为13.6～23.8毫克/千克，新生大鼠急性经口LD_{50}1.52毫克/千克。产生影响的最小剂量为：新生大鼠每天0.12毫克/千克，大鼠每天2.0毫克/千克，狗每天0.5毫克/千克，猴每天2.0毫克/千克。兔急性经皮LD_{50}＞2 000毫克/千克。致畸毒性表明，母体毒性无影响剂量大鼠为0.05毫克/千克，小鼠为1.6毫克/千克。Ames试验表明，无遗传毒性、无致癌作用。鳟鱼LC_{50}为3.2微克/升，鲤鱼LC_{50}为4.2微克/升，水蚤LC_{50}为0.34微克/升，白喉鹌LD_{50}为2 000毫克/千克，野鸭急性经口LD_{50}为86.4毫克/千克。蜜蜂经口LD_{50}为0.009微克/只，接触LD_{50}为0.002微克/只。

（3）剂型及生产厂家　阿维菌素生产厂家颇多，如深圳诺普信农化股份有限公司、河北省唐山市瑞华生物农药有限公司、北京亚戈农生物药业有限公司、西安北农华农作物保护有限公司等。主要的剂型有0.5%、0.9%、1.8%乳油，1.8%、2.2%水乳剂、0.5%、3.2%微乳剂、0.5%可湿性粉剂等。

(4) 注册信息　CAS号（美国化学文摘社登记号）：71751-41-2。

(5) 应用范围及作用特点　阿维菌素对螨类、昆虫及线虫具有胃毒和触杀作用。作用机制与一般杀虫剂不同的是干扰防治对象神经生理活动，刺激释放 γ-氨基丁酸，而氨基丁酸对节肢动物的神经传导有抑制作用。螨类成虫、若虫和昆虫幼虫与阿维菌素接触后即出现麻痹症状，不活动、不取食，2～4天后死亡。因不引起昆虫迅速脱水，所以阿维菌素致死作用较缓慢。阿维菌素对捕食性昆虫和寄生天敌虽有直接触杀作用，但因植物表面残留少，因此对益虫的损伤很小。阿维菌素被土壤吸附不会移动，并且被微生物分解，因而在环境中无累积作用，可以作为绿色防控的一种药剂。调制容易，将制剂倒入水中稍加搅拌即可使用，对作物亦较安全，按正确方法使用不会发生药害。

4．噻唑磷

噻唑磷（fosthiazate）又名福气多，化学名称为O-乙基-S-仲丁基-2-氧代-1,3-噻唑烷-3-基硫代膦酸脂，分子式为$C_9H_{18}NO_3PS_2$，是由日本石原产业株式会社研制，现由日本石原产业株式会社和先正达公司共同开发的非熏蒸型硫代膦酸酯类杀虫、杀线虫剂。

（1）理化性质　纯品为深黄色液体（原药为浅棕色液体），沸点198℃（66.7帕）。相对密度（20℃）1.24。蒸气压0.56毫帕（25℃）。辛醇-水分配系数为1.68。溶解度为水9.85克/升（20℃），正己烷15.14克/升（20℃）。

（2）毒性　急性经口 LD_{50} 雄性大鼠73毫克/千克，雌性大鼠57毫克/千克。急性经皮 LD_{50} 雄性大鼠2 396毫克/千克，雌性大鼠861毫克/千克。

（3）剂型及生产厂家　噻唑磷生产厂家有日本石原产业株式会社、河南金田地农化有限责任公司、浙江石原金牛农药有限公司、广东中迅农科股份有限公司、河北三农农用化工有限公司等。主要剂型有5%、10%颗粒剂等。

（4）注册信息　CAS号（美国化学文摘社登记号）：98886-44-3。

（5）应用范围及作用特点　噻唑磷为触杀性和内吸传导型杀线虫剂，用低剂量就能阻碍线虫的活动，防止线虫对植物根部的侵入。施药方法简单，不需换气，药剂处理后能直接定植。杀线虫效果不受土壤条件如湿度、酸碱度、温度的影响。正常使用技术条件下，对作物安全。

四、土壤熏蒸施药技术

1. 威百亩化学灌溉法

化学灌溉是用滴灌施用农药的一种精确施药技术，可施用威百亩等液体药剂。化学灌溉法具有下列优点：

☆ 施药均匀；

☆ 可按农药规定的剂量精确施药；

☆ 可将不同的农药品种混合使用；

☆ 减少土壤板结；

☆ 减少农药对施用者的危害；

☆ 减少农药用量；

☆ 减少施药人员的劳动强度。

田间试验结果表明，使用膜下化学灌溉技术施用土壤熏蒸剂，控制土传病虫草害效果明显，可以在装有滴灌系统的田间大面积推广应用。化学灌溉就是利用灌溉系统将可溶性化学物质同灌溉水同时输送到土壤中。地面灌溉、喷灌和滴灌系统在采取必要的保障措施后都可以用于化学灌溉。目前,在地面灌溉系统中，很少采用化学灌溉，约80%的化学灌溉使用在滴灌系统中。采用的灌溉系统为膜下滴灌系统，主要由首部枢纽、管路和滴头三大部分组成。为了防止熏蒸剂挥发，一般将滴灌带（毛管）铺于塑料薄膜之下，同时结合嫁接管道输水等其他技术，构成膜下滴灌施药系统。

目前，影响化学灌溉的主要是环境问题，特别是对地表水和地下水产生的不利影响。另一个影响因素是化学药剂向水源方向倒流,需研究开发能可靠防止倒流的装置。

威百亩化学灌溉流程：

第一步：安装滴灌系统；

安装滴灌系统

第二步：覆盖塑料薄膜以防止熏蒸剂挥发；

覆盖塑料薄膜

第三步：施药。

施药

（1）施药量　防治对象不同，使用剂量有很大的差别。一般使用有效剂量为35毫升/米²，合35%水剂约100毫升/米²。

（2）土壤条件　彻底移除前一季的剩余作物残渣。深耕（30～40厘米）并施用适宜剂量的肥料。施用天然有机肥如粪便之后至少留3周的等待期再施用威百亩，以避免威百亩被肥料吸收进而引起其使用效果的下降。用水漫灌土壤，土壤可在空气中稍微风干。轻沙质土风干时间为4～5天，重黏质土为7～10天。土壤采用旋耕机耕作，以保持土壤在处理前适度均匀、通气。土壤质地、湿度和土壤pH对威百亩的释放有影响。在处理前，应确保无大土块；土壤湿度必须为50%～75%，在表土5.0～7.5厘米处的土温为5～32℃。

防治对象不同，使用剂量有很大的差别。一般使用有效剂量为35毫升/米²，合35%水剂约100毫升/米²。防治根结线虫，用量需进一步提高。

（3）施药时间　夏季避开中午天气暴热时施药。

（4）施药方法　首先安装好滴灌设备，滴灌系统可安装在平地或隆起的种植床上。无论哪种情况，毛管的长度和数量应该与供水管的尺寸匹配。平铺滴灌系统设计：推荐在平地上施用威百亩，塑料膜应紧贴土壤以确保威百亩良好地渗透进土壤从而达到最佳的熏蒸效果。当熏蒸剂散发尽后再起垄黄瓜苗床，与滴灌管线的最大距离须保持在40厘米以内（25～30厘米为佳），以确保土壤中活性成分的散布和覆盖。垄畦上的滴灌系统设计：威百亩在黄瓜等垄畦作物上的施药比平床更实用，但会导致不足量的药品在土壤中分布。为了克服药品量分布的不足，塑料膜应紧贴在种植床的两侧（熏蒸前保持65%的土壤水分）。

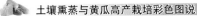

安装好的滴灌设备

调节好滴灌管线的距离

安装好灌溉系统后，在田地四边挖沟。土壤用聚乙烯膜覆盖。强烈推荐采用防渗透膜，因其可以减少熏蒸剂穿透膜的损失并且可以降低熏蒸剂的使用量而达到较好的防效。塑料膜需牢牢地或密封地固定在土壤上，以保持土壤最适宜的温度和湿度。

覆盖塑料膜并固定

建议由土壤熏蒸专业人员进行威百亩施药，施用步骤如下：
①灌溉几分钟以湿润土壤，建立灌溉系统压力。

②威百亩采取5%～10%的稀释比例（由于威百亩在稀溶液中很不稳定，稀释比例不得低于4%），采用不锈钢正排量注射泵，每1 000米^{2}150升的施用量。以上述稀释比例，施药持续时间每1 000米^{2}不超过10～15分钟。如结合太阳能消毒，施药量可降至每1 000米^{2}100～120升。

威百亩施药系统

③施药完成后，以施药期间三倍的水量灌溉土壤一段时间。这样可以确保威百亩及其副产物迁移到目标根深度（大约25厘米）并可以冲洗灌溉系统。

通过滴灌施用农药，应有防水流倒流装置。

需要特别注意的是通过吸肥器施药时，应防止药液倒流入水源而造成污染。因此，通过滴灌施用农药，应有防水流倒流装置。在关闭滴灌系统前，应先关闭施药系统，待用清水继续滴灌20～30

分钟后，再关闭滴灌系统。如果无防止水流倒流装置，可先将水放入一个至少100升的储存桶中，或用塑料布建一个简易水池，然后将水泵施入储存桶或水池中。

（5）消毒时间及散气　施用威百亩后，塑料膜需在土壤中保留21天以达到最佳的处理效果和最小的作物药

等候期不需浇水。

害，等候期不需浇水。21天后，可移除塑料膜，需小心避免带入未覆盖区域的土壤而造成处理区土壤再次污染，散气7~10天后整地、进行药害测试、移栽。

2. 氰氨化钙施药法

(1) 施药量　防治对象不同，使用剂量有很大差别。

表1　氰氨化钙对不同作物的施药量

作物名称	每667米²使用量（千克）	使用时间	等待天数（天）
十字花科作物	30~70	播种或定植前	10~25
瓜类作物	30~40	播种或定植前	10~15
茄果类作物	40~60	播种或定植前	15~22
生菜、菠菜、芹菜等叶菜类作物	30~40	播种或定植前	10~15

（续）

作物名称	每667米^{2}使用量（千克）	使用时间	等待天数（天）
葱、姜、蒜等	30～70	播种或定植前	10～25
草莓	30～40	播种或定植前	10～15
花卉	30～60	播种或定植前	10～15
烟草	30～60	播种或定植前	10～22
果树	30～40	播种或定植前	春季萌芽前10～15天或秋季采收后

（2）使用时间　对于一年生作物在播种或定植前使用，对于多年生作物在萌芽前使用。

（3）使用方法　土壤消毒法：氰氨化钙＋水＋太阳能＋有机肥或秸秆。

①施用时间：在4～10月选择连续3～4天都是晴天天气进行（防治

根结线虫一定要在 7 ~ 8 月选择连续 3 ~ 4 天都是晴天进行）。

②田间清洁：清理前茬作物。

③施药：将氰氨化钙均匀撒施于土壤表面。

④施肥：将有机肥或秸秆均匀撒施于土壤表面。防治根结线虫一定要撒施稻草或麦秸，每 667 米^2 撒施 800 ~ 1 000 千克。

⑤翻耕：机械或人工翻耕 20 厘米（防治根结线虫要求翻耕 30 厘米），使药剂与土壤、有机肥或秸秆等混合均匀。

⑥起垄：起高 30 厘米，宽 60 ~ 80 厘米的垄。

⑦盖膜：覆盖白色或黑色塑料膜。

⑧浇水：在垄间膜下浇水，浇水量到距垄肩 5 厘米为宜。

⑨闷棚：非大棚土壤消毒要盖好塑料膜，保证塑料膜不透风；温室大棚土壤消毒不但要盖好塑料膜，而且一定要密封大棚。

⑩土壤消毒天数：一般每 667 米^2 施用 3 千克氰氨化钙需要 1 天的分解期，分解期内要保持土壤湿润，如土壤缺水要及时补水，确保土壤田间

相对持水量70%以上。安全分解期过后揭膜，松土降温1～2天后就可定植或播种作物。

3.阿维菌素施药法

(1) 施药量　阿维菌素登记施药量见表2。

表2　阿维菌素登记施药量

登记作物	防治对象	用药量（制剂用量）	施用方法
黄瓜	根结线虫	0.5%阿维菌素乳油45～52.5千克/公顷	沟施、穴施

(2) 使用时间　播种、定植前或作物生长期间均可使用。

(3) 使用方法　阿维菌素可通过混土、喷灌、沟灌和滴灌等多种方式施用。在使用过程中如能混合腐烂的秸秆或稻草并覆膜，效果更佳。

阿维菌素可通过混土、沟施、穴施和灌根等多种方式施用。在使用过程中如能混合腐烂的秸秆或稻草并覆膜，效果更佳。

混土　　　　沟施

穴施　　　　灌根

沟施阿维菌素

（4）施药时间　每天早晨4～10时，下午16～20时。避开中午天气炎热时施药。

（5）注意事项

①阿维菌素对蜜蜂有毒，在蜜蜂采蜜期不得用于开花作物。

②水生浮游生物对阿维菌素敏感，使用时不可污染鱼塘和江河。

③本剂与其他类型杀螨剂无交互抗性，对于对其他杀螨剂产生抗性的害螨本剂仍有效。

④如发生误服中毒，可服用吐根糖浆或麻黄解毒，避免使用巴比妥、丙戊酸等增强 γ - 氨基丁酸活性的药物。

⑤使用禁忌作物。按绿色食品农药使用准则规定，在生产A级、AA级绿色蔬菜和果树产品时，不得使用本剂。

4. 噻唑磷施药法

（1）施药量　噻唑磷登记施药量见表3。

表3　噻唑磷登记施药量

登记作物	防治对象	每667米^{2}用药量（制剂用量）	施用方法
番茄	根结线虫	1 500～2 000克	土壤撒施
黄瓜	根结线虫	1 500～2 000克	土壤撒施
西瓜	根结线虫	1 500～2 000克	土壤撒施

（2）使用时间　定植前使用。为确保药效，应在施药后当天进行移栽。

（3）使用方法　噻唑磷乳油可以通过灌根的方法施用，噻唑磷颗粒剂可以通过土壤撒施的方法施用。

10%噻唑磷颗粒剂的使用方法：种植前每667米^{2}用药剂1.5～2千克，拌细干土40～50千克，均匀撒于土表或畦面，再用旋耕机或手工工具将药剂和土壤充分混合，药剂和土壤混合深度需20厘米。也可均匀撒在沟内或定植穴内，再浅覆土。施药后当日即可播种或定植。

噻唑磷可土壤全面混合施药(对防治线虫最有效)，也可畦面施药及开沟施药。将药剂均匀撒于土壤表面，再用旋耕机或手工工具将药剂和土壤充分混合。药剂和土壤混合深度需15～20厘米。

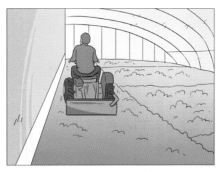

用旋耕机或手工工具将药剂与土壤充分混合

（4）注意事项

①夏季避开中午天气炎热、光照强烈时施药。施药前应将大块土壤

打碎以保证药效。

②一季作物生长期只需施药一次。

③播种后或移栽后使用易产生药害，务必在定植前施药。

④使用方法不当、超量使用或土壤水分过多时容易引起药害，请严格按照标签规定剂量正确使用。

⑤噻唑磷对蚕有毒性，桑园蚕室附近禁用。

⑥施药时远离水产养殖区，禁止在河塘等水体中清洗施药工具。

⑦用过的容器应妥善处理，不可做他用，也不可随意丢弃。

⑧孕妇及哺乳期妇女禁止接触。使用前仔细阅读标签，严格按照标签规定的使用技术和使用方法、注意事项等使用。

土壤翻耕、土壤温度、土壤湿度、气候情况对土壤熏蒸效果有很大的影响，具体技术要点如下：

1. 深耕土壤

正确的土壤准备是影响土壤熏蒸效果的最重要因素。土壤需仔细翻耕，如苗床一样，无作物秸秆，无大的土块，特别应清除土壤中的残根。因为药剂一般不能穿透残根、杀死残根中的病原菌。土壤疏松深度35厘米以上。保持土壤的通透性将有助于熏蒸剂在土壤中的移动，从而达到均匀消毒的效果。

2. 土壤温度

土壤温度对熏蒸剂在土壤中的移动有很大的影响。同时土壤温度也影响土壤中活的生物体。适宜的土壤温度有助于熏蒸剂的移动。如果温度太低，熏蒸剂移动较慢；温度太高，则熏蒸剂移动加快。适宜的温度可让靶标生物处于"活的"状态，以利于更好地杀灭。通常适宜的土温是土壤15厘米深处15～20℃。

通常适宜的土温是土壤15厘米深处15～20℃。

3.土壤湿度

适宜的土壤湿度可确保杂草的种皮软化，使有害生物处于活动状态，有充足的湿度"活化"熏蒸剂，如威百亩和棉隆。此外，适宜的湿度有助于熏蒸剂在土壤中的移动。通常土壤相对湿度应在60%左右。为了获得理想的含水量，可在熏蒸前进行灌溉，或雨后几天再进行土壤熏蒸。在熏蒸前后，过分地灌溉会破坏土壤的

通常土壤相对湿度应在60%左右。为了获得理想的含水量，可在熏蒸前进行灌溉，或雨后几天再进行土壤熏蒸。

通透性，不利于熏蒸剂在土壤中的移动。

4. 薄膜准备

由于熏蒸剂都易气化，并且穿透性强，因此薄膜的质量显著影响熏蒸的效果。推荐使用0.04毫米以上的原生膜，不推荐使用再生膜。如果塑料布破损或变薄，需要用宽的塑料胶带进行修补。当前最有效的塑料膜是不渗透膜，可大幅度减少熏蒸剂的用量。薄膜覆盖时，应全田覆盖，不留死角。薄膜相连处，应采用反埋法。为了防止四周塑料布漏气，如条件允可，可在塑料布四周浇水，以阻止气体从四周渗漏。如棚中有柱，应将柱周围的土壤也消毒，不留未熏蒸土壤。

覆盖塑料薄膜

有柱的棚室中覆盖塑料薄膜

5. 气候状况对熏蒸效果的影响

不要在极端的气候状况下进行熏蒸。大的降水或低温状况（如低于10℃）将减慢熏蒸剂在土壤中的移动。在极端的情况下，将导致作物产生药害。高温（高于30℃）将加速熏蒸剂的逃逸，意味着有害生物不能充分接触熏蒸剂，将导致效果降低。

6. 药剂安全使用及运输

（1）安全措施

①施药前的准备：施药的地块应清理干净前茬作物的残渣，土地应旋耕好，施药地点不要让儿童或家禽进入。地块上不能有绿色植物。施药人员应配备防护用具，如胶皮手套、防毒面具等。

②施药时的安全：施药应快速进行，操作时不应嗅到熏蒸剂的气味。操作人员应站在上风头。

③施药结束后的安全：施药结束，施药人员应迅速离开现场，并在施用熏蒸剂的地点设立安全警示牌。剩余药液应倒回药桶或药瓶中。

a.残余物和包装物保管处理：残余物和容器必须作为危险废物处理，避免排放和丢弃到环境中，造成污染。可以采用溶解或混合在可燃性溶剂中用化学焚烧炉焚烧的方法处理，同时废弃物处理应当遵守地方法律法规。

b.施药机械、工具养护：施药动力机不许带动其他动力，并注意保养。加足机油，以保证正常使用。每天用完施药机械后，应用清水或煤油冲刷，防止腐蚀，影响使用效果。

（2）应急措施

①皮肤接触：用大量清水冲洗至少15分钟，重新穿着前衣物必须经过清洗。

②眼睛接触：分开眼睑，用大量流动清水冲洗至少20分钟，送医院诊治。

59

③吸入：如果吸入气体，立即转移到空气新鲜处，保持安静和温暖。如果必要，立即进行人工呼吸，就医。

④食入：催吐。如果有吞咽，用大量水直接清洗口腔，适量喝水或牛奶，就医。

(3) 消防措施

①危险特性：对人体健康有害，对环境有影响。

②有害燃烧产物：CO、CO_2、SO_X、NO_X。

③灭火方法及灭火剂：熏蒸剂不易燃烧，但可以助燃。可用适当的灭火剂围住火源。可使用二氧化碳、干粉、泡沫灭火。

④应急处理：隔离危险地带，使用适当的通风措施，疏散人群于上风向。建议应急处理人员使用带有明确压力模式的自给式呼吸器、穿防护服和戴防护眼镜。

⑤消除方法：小的溢出和泄漏用吸附性材料（如泥土、锯屑、稻草等）覆盖吸收液体，然后清扫进入一个开口的桶内，用家用清洁剂和刷

子刷洗污染的地点，将清洗后的废液吸收并清扫进入同一个桶内。将桶封闭，进行废物处理。

大的溢出和泄漏用围堰将泄漏物围住，以防止对水源的污染。将围住的物料用虹吸的方法吸入桶内，根据当时的情况进行重新使用或废物处理。像处理小的泄漏那样清洗受污染的地点。

（4）药品储存与运输

①储存安全：不要与食物、饲料等混存，储存和丢弃时不可以进食。储存于阴凉、干燥、通风处，不要放置于孩童可以接触的地方。储存温度不能低于0℃，产品在低温下容易结晶，避免与强酸接触。

②运输安全：应由专门的危险品运输车辆运输。装卸要轻拿轻放，防止包装物破损，不能与其他物品（食品、饲料、酸、碱等）混运，装好的车辆应按规定捆绑结实，并用棚布盖严，以防阳光直射和受潮，按规定线路行驶。

六、土壤熏蒸后的田间清洁化管理

1. 无病种苗的培育

(1) 选用优良抗病品种　根据本地蔬菜病虫害的发展情况，选用适宜本地区栽培的抗病品种，做到良种配良法。

(2) 种子种苗消毒

①种子消毒：播种前进行种子消毒，如温汤浸种、高温干热消毒、药剂拌种、药液浸种等方法，能够减轻或抑制病害发生。

②种苗消毒：主要是苗床进行消毒，可以采用蒸气消毒、化学消毒等措施。

(3) 基质育苗　采用基质育苗，可防止土传病害随土侵染种苗。目前，已有商品化的基质育苗块出售。

2.熏蒸后田园卫生的管理

土壤熏蒸消毒之后，避免病虫害的再侵入是至关重要的。洁净的水源至关重要，许多病原菌都能通过浇水和灌溉进行传播。

3.熏蒸后种植时间

熏蒸后种植时间依赖于处理后的散气时间，应保证熏蒸剂完全散发，以免种植作物时出现药害。熏蒸后种植时间很大程度上与熏蒸剂的特性和土壤状况有关，如土壤温度和湿度。当温度低、湿度高时，应增加散气时间；当温度高、湿度低时，可减少散气时间；高有机质土壤应增加散气时间；黏土比沙土需要更长的散气时间。

七、黄瓜高产栽培技术

1. 育苗

（1）品种选择　日光温室栽培黄瓜应选择对温度、光照和管理条件要求不严格，意外伤害后恢复能力好的品种，尽量选择密刺系统，如新泰密刺、长春密刺以及精春3号等。

（2）确定播种期　冬春茬黄瓜一般苗龄为35天左右，定植后约35天开始采收，冬春茬黄瓜一般要求在元旦前后开始采收，以便到春节前后进入产量的高峰期，提高经济效益。

2. 定植

春季播种和夏秋季播种都是待黄瓜长到2片真叶基本就可以定植了，

一般是在晴天的傍晚，注意保护黄瓜的根系，在起苗前保持水分，按照顺序并且带土进行定植，以免伤害到根部。

3.施肥整地

在整地深耕时先施足有机肥做底肥，待黄瓜长到2～3片真叶时，再施入追肥，追肥以勤施薄施为基础。并且要给予磷、钾肥，以避免黄瓜早衰和徒长。

4.覆盖地膜

适当的覆盖地膜可以提高土层温度，减少杂草数量，提高幼苗的成活率，对黄瓜后期长势和产量起到决定性的作用。覆盖地膜需注意，提前10天覆盖地膜，地膜要拉紧铺平，定植前1周灌透水，待土温上升后定植。

5. 定植后的管理

（1）温度管理　在黄瓜花期适宜的温度是白天25～30℃，夜间16～20℃，低于16℃或高于30℃均不利于黄瓜的生长，温度高时进行通风，温度低时进行保温。

（2）肥水管理　日光温室均安装有滴灌施肥施药系统，应根据植株不同时期的需求量适宜补充所需的肥水。

（3）植株调整（吊蔓、整枝、落蔓）　黄瓜落蔓会让叶片分布均匀，合理受光，能加强光合效率，适当进行植株调整，才能使黄瓜优质高产。一是在植株的生长点靠近棚顶时，植株底部没有叶、茎蔓并且离地高度在25厘米以上时落蔓。二是落蔓前7天不要浇水，降低茎蔓的含水量，可以增加叶、蔓柔韧性，还可以减少病源。三是清理病叶和部分老叶，带出田外销毁。四是要将缠在茎蔓上的吊绳解下，茎蔓要同一个方向盘绕在栽培垄的两边。

6.嫁接栽培技术

所谓嫁接是将一种植物体的芽或枝（称接穗）接到另一种植物（称砧木）的适当部位，使两者接合成一个新植物体的技术。嫁接育苗的目的有3个：一是解决大棚内土壤连作障碍及病害的问题，土传病害的发生对蔬菜的生长与产量影响非常之大，严重的会造成绝收；二是砧木的根系强大，可增强植株的耐寒能力，从而使接穗生长旺盛；三是增加根系的吸收能力，从而提高产量。

砧木是嫁接成功的关键，首先，砧木与接穗要有较好的亲合性。所谓亲合性就是接穗与砧木嫁接后能够良好愈合，嫁接苗生长正常、旺盛，也就是砧木与接穗的内部组织结构、生理性状、特点比较相近，两者可很好地结合。其次，要求砧木具有良好的适应能力，抗逆性强；能抗土传病害，耐低温，并且嫁接后不影响接穗果实的品质。

（1）嫁接场所

①对嫁接场所的要求：

a.温度适宜。适宜的温度不仅便于操作，也利于伤口愈合。一般嫁接场所温度以20～25℃为宜。

b.空气湿度大。为防止切削过程中幼苗失水萎蔫，空气湿度要大，以达饱合状态为宜。

c.适当遮光。为防止强光直晒秧苗导致萎蔫。嫁接场所应用遮光物进行遮光。

d.整洁无风。安静整洁的场所，不仅便于操作，也利于提高嫁接质量和嫁接效率。

②常用嫁接场所：冬、春季育苗多以育苗温室为嫁接场所。在温室内可以用塑料薄膜隔出1～2间作为操作间。嫁接前几天，适当浇水，密闭不放风，以提高空气温度。嫁接时，将操作间的草苫放下，进行遮阴。另外，也可在塑料大、中棚内嫁接。

　　夏季育苗，嫁接时应搭设遮阴、降温、防雨棚。棚架可利用温室或大、中棚的骨架，上面覆盖废旧薄膜，薄膜上用草帘遮阴。嫁接前几天浇水、密闭，提高空气湿度。

　　③嫁接用具：

　　a.切削及插孔工具。切削工具多用双面刀片，为便于操作，将刀片沿中线纵向折成两半，并截去两端无刀锋的部分。每片大约可嫁接200株左右，刀片切削发钝时及时更换，以免切口不齐，影响成活。用于除去砧木生长点和插接法插孔用的竹签等可自己切削，竹签的粗细应与接穗幼茎粗细相仿，一端削成长1～1.5厘米的双楔面，使其横切面为扁圆形，尖端稍钝。穿孔大小正好与接穗双楔面大小相符合。

　　b.接口固定物。嫁接后，为使砧木和接穗切面紧密结合，应使用固定物固定接口。常用的固定物有塑料嫁接夹，是嫁接专用固定夹，上海、天津等地大批量生产。嫁接夹小巧灵便，可提高嫁接效率，虽需一定投资，但可多次使用，是目前最理想的接口固定物。

c.消毒用具。使用旧嫁接夹时，应事先用200倍福尔马林浸泡8小时消毒。嫁接时手指、刀片、竹签应用棉球蘸75%酒精消毒，以免将病菌从接口带入植物体内。

d.其他用具。为便于嫁接、提高工效，嫁接时，一般用长条凳或木板作嫁接台，专人嫁接，专人取苗运苗。

④嫁接苗切削形式：蔬菜嫁接过程中，砧木、接穗的切面多削成楔形面，楔形面主要形式有：舌形楔面，主要用于各种蔬菜的靠接法；单楔面：主要用于斜切接（贴接）或腹插接；双楔面：主要用于劈接、顶插接的接穗。

⑤切削要点：

a.刀片要锋利，动作要迅速准确，避免重复下刀。

b.楔面长度要适宜，下刀时，掌握刀片与茎轴呈30°角。斜角太大，则楔面短，砧、穗切口接触面小，且不稳固，不利于愈合成活；斜角小，楔面长而薄，不利于插入砧木切口。一般斜面长度茄果类蔬菜1.0～1.5

厘米、瓜类蔬菜0.7～1.0厘米为宜。

　　c.砧、穗切面要平齐，角度、长短相匹配，能使二者切口紧密吻合。否则，切口不平，切口不能完全吻合，中间留有空隙，不利于愈合成活。

　　d.接穗双楔面的两个斜面长度应相等。否则，插入砧木切口后，有一侧切面过长或过短，影响愈合和成活。

　　⑥嫁接注意事项：

　　a.冬、春寒冷季节最好选晴天早晨嫁接，早晨空气湿度大，幼苗不易萎蔫，接后幼苗经历中午的温暖条件，有利于接口愈合。千万不要在阴冷天气或冷空气到来之前嫁接，否则温度低，影响成活率。夏天嫁接则最好选阴天或傍晚嫁接，以免幼苗萎蔫死亡。

　　b.嫁接时手指及刀片、竹签、夹子等用具要洗净消毒。秧苗应小心轻放，不要沾上泥土，特别是切口部位，若有泥土，应用清水洗净后再切削。

　　c.嫁接过程中，应专人取苗，专人嫁接，专人运苗，流水作业。对于番茄等砧木与接穗幼苗无明显区别特征的，最好做标记，严防错乱，出现砧、穗颠倒现象。

d. 嫁接后及时将嫁接苗移入充分浇水的苗畦内（冬天浇温水），上扣塑料拱棚保温保湿，棚上用草帘等遮光，低温期应铺设地热线，以利增温。

7. 黄瓜嫁接技术流程

(1) 砧木和接穗选择

①砧木的选择：适于嫁接黄瓜的砧木很多，如中国南瓜、丝瓜、瓠瓜、葫芦等，但多数亲合力差并对黄瓜品质影响较大，易出现异味，降低品质。黄瓜嫁接通常选用黑籽南瓜做砧木，原因有三：一是其根系发达，入土深，吸收范围广，耐肥水，耐旱力强，可延长采收期，增加产量。二是其抗枯萎病。三是其根部抵抗低温能力强。黄瓜根系在温度10℃时停止生长，而南瓜根系在8℃时根毛还可以生长。实践证明，南瓜

嫁接苗比黄瓜自根苗素质高，生长旺盛，抗逆性强，可减少用药，前期产量和总产量均比自根苗显著增长，是保护地生产中大力倡导的一项实用栽培技术。用隔年的种子，其发芽率较高，当年种子发芽率不齐，两年以上的种子发芽率会大幅度下降。

②接穗的选择：首先应考虑选择适合大棚环境的品种。如黄瓜接穗品种应选择耐低温、弱光、早熟性强、品质好、抗叶部病害（霜霉病、白粉病等）的丰产品种。

（2）播种育苗

①播种时期的确定：如果采用插接法，砧木苗比黄瓜提前5天左右播种，嫁接适宜形态为黄瓜苗子叶展平、砧木苗第1片真叶长到五分硬币大，一般在砧木播后12～13天进行。如果采用靠接法，黄瓜比砧木一般要提前4～5天播种，黄瓜播后10～12天进行嫁接。此时，黄瓜的第1片真叶开始展开，南瓜子叶完全展开。通常情况下，日光温室冬春茬黄瓜适宜嫁接期为国庆节前后3天。根据采用的嫁接方法，确定接穗黄瓜和砧

砧木苗播种

木南瓜的播种时间。嫁接时，南瓜的生长时间长短要合适。嫁接用的南瓜苗茎部要充实，一般生长时间不应超过14天，如果生长期过长，则茎部出现中空，影响嫁接质量。

②苗床的准备：苗床用洗净的河沙或用配制的营养土，营养土用优质有机肥与肥沃田园土3：7配制，并适量添加少量速效肥与杀菌剂，过筛后盖严捂实，1周后育苗。沙床出苗快，起苗容易，但温度变化大，苗易受损感病。营养土作苗床，苗壮，不易得病，但生长速度稍慢；若土壤黏重，起苗时易伤根。应根据具体情况选择适宜的苗床。

③浸种催芽：砧木黑籽南瓜每667米^{2}用种量1.5千克，每千克含种子4 400～4 700粒。种子催芽前要在阳光下晾晒1～2天，种子先放入55～60℃热水中烫种10分钟，并不停地搅拌使其受热均匀，待温度降低后浸种8小时，然后将种子搓洗3～4次，除去表面黏液，浸种后在室温12～14℃下晾18小时，使种子皮变干，再在

苗床的准备

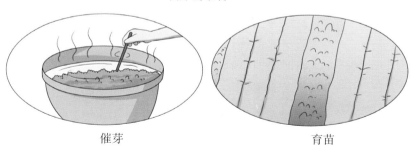

催芽

育苗

30℃下催芽，早晚用30℃温水淘洗1次，2天开始出芽，芽长1～2毫米时播种。将营养钵灌透水，然后将种子播入营养钵内，每钵1粒，覆土2厘米。

黄瓜种子每667米²用种量150克，将种子先在凉水中泡15分钟，捞出再放入55℃热水中保持5分钟，并不停搅拌。待温度下降后浸种4～6小时，然后包在纱布中放入干净容器（不能有油渍）中，在28～30℃条件下12小时后种子露白即可播种。

④嫁接前的准备：嫁接苗床一般置于温室或大棚中。苗床应设在温室中间，光照、温度较好，有利于培育壮苗。为防止阳光直射，造成接穗失水过多，嫁接场地要适当遮阴，一般采取隔3条揭1条的覆盖方法。嫁接适宜温度保持在20～24℃，湿度应达到100%，可用喷雾器喷清水以提高嫁接环境的湿度，减少接穗失水。嫁接时间依天气而定，晴天最好在上午进行，阴天可全天嫁接。接穗和砧木在夜间和阴天时，蒸腾作用小，含水量相对高，削口伤流液多，有利于伤口愈合。晴天的下午幼

苗经一上午蒸腾作用，含水量较少，伤流液也少，成活率相对较低。嫁接的前一天要平整好苗床，并在苗床面浇足水，扣上小拱棚，使棚内的湿度达100%，温度控制在20～24℃。用作砧木的黑籽南瓜苗要浇足水，以利于增强植株的活性，提高嫁接后的成活速度。苗床宽1米为宜，长度可根据苗多少而定，床土厚12厘米或用营养钵育苗。另外，嫁接工具必须用75%酒精消毒。

（3）嫁接方法　黄瓜嫁接育苗可采用插接法、靠接法和劈接法。劈接法由于嫁接后难管理，成活率较低，所以应用较少。插接法和靠接法操作简单，易管理，成活率高，嫁接苗生长一致，故利用较多。

①插接法：嫁接前首先要配好培养土，装入10厘米×10厘米×8厘米的营养钵中，同时准备几根竹签作插接工具，竹签直径为0.2～0.3厘米，长20厘米，一端用刀削成楔形。黑籽南瓜提前5天播种，播后保持25～28℃，3天可出齐。出苗后，白天保持22～24℃，夜间12～15℃。当黑籽南瓜长到5厘米左右，子叶展平，心叶露出时即可嫁接。黄瓜接穗

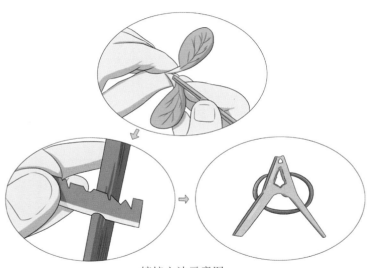

嫁接方法示意图

用育苗盘或大盆装满湿沙或蛭石进行育苗。将黄瓜种子浸种催芽后均匀撒播，株距3厘米左右，待子叶放平后即可嫁接。

　　嫁接前半小时将接穗带根提出，用清水洗净根部的泥沙，放在干净碗内，加适量的水使接穗的根部和下胚轴浸泡在水中。这样既可保持接穗的水分，又能增加接穗的含水量。插接步骤为：去掉砧木黑籽南瓜苗的顶芽，在砧木上用竹签斜向插孔，一般与水平方向呈45°角，深0.5厘米左右，不可穿破砧木表皮或穿透到髓部，防止接穗后产生不定根。插后不拔竹签，放好备用。选用粗细合适的黄瓜苗作接穗，将其削成契形，方法是刀片从黄瓜叶下0.4～0.6厘米处入刀，相对两侧各削一刀，刀口一定要平滑。第一刀可以削长一些，第二刀刀口一般控制在0.5厘米左右。削好的接穗其刀口的长短粗细，一定和竹签插进砧木的部分相同，使插接后砧木与接穗相吻合。接穗削好后，随即将竹签从砧木中拔出，然后迅速插入砧木切口内，使砧木与接穗形成层相对密接，接好后，南瓜子叶与黄瓜子叶呈"十"字形，成活率较高。注意插接穗时不能用力太大，以免破坏接穗的组织结构。从削接穗到插接穗的整个过程中，要做到稳、准、快。插接时，最好的插接部位是在南瓜两片子叶的中间，这样黄瓜和南瓜的切口接触面积大，有利于嫁接苗的成活。黄瓜的切口部位要短一些，一般在生长点下0.5厘米处即可，这样嫁接后黄瓜不易倒伏，便于管理。

②靠接法：靠接用具是刀片和小塑料夹，其他准备工作与插接法相同。采用靠接法接穗（黄瓜）应比砧木（南瓜）提早5～7天播种。黄瓜的播种距离为6厘米×6厘米，每平方米苗床可播260粒种子；南瓜的播种距离为3厘米×3厘米，每平方米苗床可播1000粒种子。最适于嫁接的形态标准是黄瓜子叶已展开，第1片真叶半显露，茎粗0.3～0.4厘米，高6～7厘米。砧木子叶展开，第1片真叶显露但未展开，茎（实为下胚轴）粗0.5～0.6厘米，高6～7厘米。嫁接前需向砧木和接穗给水，防止在嫁接过程中失水萎蔫。嫁接时，先把南瓜苗和黄瓜苗分别挖出，在黄瓜子叶下约2厘米处，朝着第1片真叶的方向，即向

上呈15°～20°角斜切一刀，深达胚轴直径的2/3处。然后除去南瓜苗的生长点，在南瓜子叶下方1厘米处，向下呈20°～30°角斜切一刀，深达胚轴直径的2/3处，切口长达5～7毫米。这两个刀口如果太浅，会降低成活率；如果太深，南瓜的上部易折断。将黄瓜和南瓜的切口相互结合好，用夹子固定。栽植时用左手轻轻抓住嫁接苗的接口部位，避免接口错位，将根放在钵内，左手将根固定，为便于以后去掉接穗根系，应使砧木与接穗根茎间隔1厘米左右，接口要距营养土面4～5厘米，避免接穗与土壤接触发生不定根，栽好后浇足水，放入苗床中培育。

靠接成活以前，砧木和接穗均自带根，各自吸收水分和营养，嫁接初期管理比较方便，接穗不易失水萎蔫，成活率高，但操作比较复杂，嫁接速度较慢。

靠接时，黄瓜的切口部位要比南瓜的切口部位高一些，并且切口要在黄瓜的子叶下方、南瓜的2片子叶中间，这样嫁接后，黄瓜叶片在南

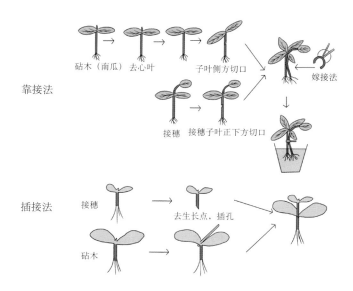

靠接法　　砧木（南瓜）　去心叶　　子叶侧方切口　　嫁接法　　接穗　接穗子叶正下方切口

插接法　　接穗　去生长点，插孔　　砧木

瓜叶片的上面并呈"十"字形，有利于提高嫁接苗的成活率和嫁接质量。插接法与靠接法各有优缺点，插接法易学，速度快，但靠接法成活率更稳定。

③劈接法：先用刀片将南瓜心叶连生长点一起切除，并在两子叶中间用刀片沿胚轴一侧向下劈开1厘米深的切口，再将黄瓜下胚轴距子叶1厘米处，削成楔形，接后用夹子夹住。农民总结出成活率高的顺口溜：先削心，后开膛，削口平，呈楔形。外齐里不齐，里皮对外皮，接后要夹好，注意防晒，要及时遮阴、保湿，提高成活率。黄瓜劈接法操作方便，工效高。如果技术熟练，每人每天工作8小时，可以嫁接600多株。嫁接后，因接穗易失水萎蔫，苗床管理技术要求精细；一般成活率可达80%以上。

④断根嫁接：传统的嫁接方法如插接、靠接等均保留砧木根系。断根嫁接是在插接的基础上去掉砧木老根系，在嫁接愈合的同时诱导砧木产生新根。断根嫁接具有嫁接速度快、嫁接成活率高、嫁接苗健壮整齐

等特点。

（4）嫁接苗的管理　创造适宜的环境条件，加速接口的愈合和幼苗的生长是嫁接苗管理的重点。应注意掌握适宜的温度、湿度、光照和通气条件及苗期病害防治。

①保温：黄瓜嫁接苗愈合适宜温度为25～30℃。秧苗嫁接后要立即放入小拱棚内，苗排满一段后，应及时将薄膜的四周压严，以达到保温、保湿的目的。苗床温度的控制，一般嫁接后3～5天内，白天24～26℃，不超过30℃；夜间18～20℃，不低于15℃。3～5天之后，开始通风，并应逐渐降低温度，保持白天22～24℃，夜间12～15℃。

②保湿：如果嫁接苗床内的空气湿度较低，接穗易失去水分引起凋萎，会严重影响嫁接苗的成活率。因此保持湿度同样是嫁接成功的关键。嫁接后3～5天内，小拱棚内的相对湿度控制在85%～95%。营养钵内的土壤湿度不宜过高，否则会引起烂苗。因此，嫁接后不宜大水漫灌。另外，大水漫灌容易导致伤口被土传病菌感染，还会提高接穗气生根的发

生率。

③遮光：遮光的目的是防止高温和保持土壤湿度。遮光的方法是在小拱棚的外面覆盖稀疏的苇毛苫，避免阳光直接照射秧苗，引起接穗凋萎，夜间还可保温。一般嫁接后2～3天可在早晚揭除草帘接受弱的散射光，中午前后仍应覆盖遮光。以后要逐渐增加见光时间，1周后可不再遮光。若9～10月育苗温度过高，则可全天遮阴降温。

④通风：嫁接后3～5天，嫁接苗开始生长时，可以进行通风。开始通风口要小，以后逐渐增大，通风时间也随之逐渐延长。一般9～10天即可进行大通风。开始后，应注意观察苗情，若发现萎蔫现象，应及时遮阴喷水，避免因通风过急或时间过长造成损失。

⑤及时去侧芽及断根：砧木切除生长点后，营养物质输送到侧轴，会促进不定芽的萌发。侧芽的萌发则与接穗争夺养分，为此，应及时除去砧木子叶所形成的不定芽。嫁接成活后10～15天，即可从接口以下剪断接穗的根部，并注意观察接穗成活后的生长情况，一株好的嫁接苗应

当生长正常、叶色鲜绿、平展，如发现上、下部生长不协调而有萎蔫现象的苗要及时淘汰。黄瓜嫁接后35天左右，4叶1心时即要加强低温锻炼准备定植。

⑥乙烯利处理：秋季嫁接缓苗生长的温度偏高，使黄瓜坐瓜节位上升，瓜数少。因此，需要用乙烯利处理以降低坐瓜节位和增加坐瓜数。方法是黄瓜长到1～2片真叶时，用100毫克/千克乙烯利喷叶，1周后再喷1次。此外，要特别注意乙烯利的浓度，处理浓度过大会出现花打顶现象。

(5) 嫁接苗定植

①定植时期：嫁接后25天左右，真叶2～3片时即可定植。越冬黄瓜定植前20天就应该扣好薄膜，提高地温。一般情况下在10月下旬至11月上旬定植，此时天气较冷，因此应选择晴天定植，避开阴天、寒流天气。定植前整地时要灌一次透水，之后通风散湿。地面见干后增施基肥，深翻。每667米^{2}基肥用量为优质厩肥10米^{3}以上，过磷酸钙150千克，磷酸二铵150千克，草木灰100千克。基肥的60%用于普施，40%在做垄时

集中施用，普施肥料后最好能每 667 米^{2}喷 1.5 千克多菌灵粉剂进行土壤消毒。冬茬黄瓜一般起南北垄，多采用大、小行高垄种植，大行 80 厘米，小行 40 厘米，开 7～10 厘米浅沟，沟内撒入熟豆 1 千克，化肥 0.5 千克，与土调匀后扶垄，垄高 15～20 厘米，然后按株距 27～30 厘米挖窝。

②定植方法与密度：春季定植宜选择在晴天进行，夏、秋季定植宜选择在阴天或晴天傍晚进行。定植方法有穴栽暗水定植、开沟明水定植和水稳苗定植 3 种：

a. 穴栽暗水定植，在高垄的两侧先开沟，然后在沟内按株距挖穴定植，封沟后再开小沟引水润灌，灌水后下午再封小沟，使地温不明显降低。这种定植方法灌水量小，易干旱，应注意适当早浇第一水。

b. 开沟明水定植，在高垄上开深沟，按株距栽苗，少埋一些土，栽植不可太深。栽好苗后引水灌沟，灌水后第二天下午封沟。这种定植方法用水量大，不必再浇缓苗水，但地温较低，定植后要及时覆盖地膜，提高地温。

　　c.水稳苗定植，在高垄上开沟后先浇水，在水中放苗，水渗下后封沟，有利于地温提高。

　　黄瓜定植密度对大棚黄瓜产量有一定影响。在中等施肥水平条件下以每667米^{2}定植3 500～4 000株产量和经济效益为最佳。植后铺上地膜，也可以定植后3～4天后浇一遍缓苗水后再铺地膜。缓苗期间大棚以增温为主，保持在25～30℃，缓苗后应适当加大通风量，以免幼苗徒长，此时温度可短期控制在20～25℃。

八、黄瓜生长期其他病虫害防治

1. 黄瓜霜霉病

(1) 症状　黄瓜霜霉病在黄瓜的整个生育期均可发病，主要为害叶片。初发病时，叶背出现水渍状淡黄色的小斑点，随着病情的发展，病斑逐渐扩大，并受叶脉限制形成多角形黄色斑。发病严重时小病斑汇成大病斑，在潮湿条件下病斑背面长出灰黑色的霉层。病叶由下向上发展，严重时全株叶片枯死。

(2) 传播途径和发病条件　该病为霜霉属卵菌侵染的病害，主要靠气流和雨水传播。孢子囊直接萌发，生出芽管，由气孔或直接穿透表皮侵入寄主。传播的途径主要是从温室黄瓜传到大田黄瓜，再从大田传播到夏秋黄瓜，然后再传播到温室黄瓜。高湿是黄瓜霜霉病发生的重要条件。病菌产生孢子囊需要83%以上的相对湿度，孢子囊萌发和侵入都需要有水滴或水膜。叶面干燥孢子囊不能萌发，2～3天死亡，因此叶面的水滴或水膜是霜霉病发生的决定性因素。如通风不良，湿度过大，温度调节不好，昼夜温差较大，容易使叶面出现水滴或水膜，就有利于病菌的萌发和侵入。病菌侵入的温度范围是10～25℃，最适宜的温度为15～22℃，高于30℃时不发病，温度越高对病菌的抑制作用越大。在有水的条件下，温度是该病发生迟早、轻重的主要因素。

（3）防治方法　①选用抗病品种。如津研4号、津春2号、津杂2号、津杂3号、津杂4号、长春密刺及山东密刺等。②加强栽培管理，采用高垄地膜覆盖栽培技术，膜下浇水，减少浇水次数。加强通风，降低空气湿度。③增施磷、钾肥，提高植株的抗病能力。结瓜后及时摘掉下部老黄叶。根外喷施0.2%磷酸二氢钾或者喷施1∶100的尿素和糖的混合液，提高功能叶片总含糖量，提高叶片生理抗病能力。④高温闷棚。选择晴天上午，关闭大棚、温室门窗，使棚室内的温度升到45℃，最高不能超过48℃，持续2小时后适当通风，使棚室温度逐渐下降，恢复正常。闭棚前一天必须浇水，植株较高的可将生长点向下压低一些。⑤药剂防治。发病初期可选用下列药剂：25%甲霜灵可湿性粉剂800～1000倍液；90%疫霜灵可湿性粉剂500～600倍液；75%百菌清可湿性粉剂500～600倍液；72%霜脲·锰锌可湿性粉剂600～800倍液；72%霜霉威盐酸盐水剂600～1000倍液；45%百菌清烟剂，每667米^{2}每次250克；5%百菌清粉尘剂，每667米^{2}每次1千克，每7～10天用药1次，连续防治3～5次。

2. 黄瓜白粉病

（1）症状　发病初期叶背及叶面产生白色圆形粉状斑点，扩大后成片，长一层白色粉状物，并逐渐变为灰白色，叶片变黄后干枯死亡，不脱落。

（2）传播途径和发病条件　该病为白粉菌引起的真菌性病害，在保护地栽培的地区，可常年发生。靠气流或雨水传播，从温室传到大田，然后再传到温室。白粉病的发生与温度、湿度、栽培管理有密切的关系。

白粉病发生的最适温度为20～25℃，超过30℃或低于10℃时病菌生长受到抑制。白粉病菌对湿度的适应性较广，湿度越大越利于病菌孢子的萌发，但是相对湿度低于25%时，病菌仍能萌发。栽培密度过大，氮肥施用过多，通风透光不好，土壤缺水或灌水过量，湿度过大的地块，均容易发生该病。

（3）防治方法　①选用抗病品种。如英雄1号、金福耐热王、金奖正阳、泰山抗热至尊宝、东方龙极绿青瓜、夏盛节节多、抗青黑绿3号等优秀黄瓜品种。②保护地需熏蒸消毒，在定植前先用硫黄粉或百菌清烟剂消毒。用硫黄粉熏蒸的方法是每55米³用硫黄粉0.13千克、锯末0.25千克。百菌清烟剂每667米²每次用药250克，分放几处，于傍晚点燃后密闭一夜，翌日早上打开门窗通风。③加强肥水管理，注意棚室内通风透光，防止植株徒长和脱肥早衰。④药剂防治。可选用40%氟硅唑乳油8 000～10 000倍液，或25%三唑酮可湿性粉剂1 500倍液，或嘧啶核苷类抗菌素100毫克/升，或50%多菌灵可湿性粉剂600～800倍液喷雾，交替使用，每7～10天用药一次，连续防治2～3次。

3. 黄瓜细菌性角斑病

（1）症状　黄瓜细菌性角斑病主要为害叶片，有时也为害茎和瓜。子叶受害，初为水渍状、圆形或卵圆形凹陷斑，以后变为黄褐色斑，干枯。叶片初受害，产生针头大小水渍状斑，后变淡褐色，受叶脉限制呈多角形，湿度大时叶背面斑上产生白色菌脓，干后为一层白色透明膜。病斑后期质脆，易开裂穿孔。茎及果实上病斑水渍状，近圆形，后变为淡灰色，病斑中间常产生裂纹，潮湿时，病斑上产生菌脓，并向果肉部分扩展，使果肉变色，腐烂，并有臭味。幼瓜被害后常腐烂早落。

（2）传播途径及发病条件　该病为细菌性病害。主要靠气流、灌溉水、雨水、昆虫、农事等传播，从气孔、水孔、伤口等处侵入。高温和高湿是细菌性角斑病发病的重要条件。发病的温度范围为20～30℃，最适宜的温度为25℃左右。在日平均温度12℃以下，湿度相对较大时发病重。栽培密度过大，磷、钾肥不足，通风不良，低温高湿，重茬的地块发病重，低温多雨年份发病较普遍且严重。

（3）防治方法　①选用抗病品种并进行种子消毒。用55℃温水浸种15分钟，或用50%代森铵500倍液浸种1小时，或用40%甲醛150倍液浸种1.5小时，清水洗净后催芽备用。②加强栽培管理。重病的地块实行2年以上的轮作，及时通风降湿、排除田间积水，收获后及时清除病残体并集中销毁。③药剂防治。于发病初期喷洒70%氢氧化铜可湿性粉剂400倍液，新植霉素可湿性粉剂5 000倍液，或用1∶2∶（300～400）波尔多液，或80%绿得保可湿性粉剂500倍液，每7～10天喷一次，连续防治3～4次。

4. 黄瓜灰霉病

（1）症状　黄瓜灰霉病主要为害黄瓜的花及幼瓜，有时也为害叶及茎。病菌多从花上开始侵染，花被害后，长出灰褐色霉层，再侵染幼瓜，造成脐部腐烂。被害幼瓜初呈水渍状斑，褪色，病部逐渐变软腐烂，表面密生灰褐色霉层。病花和病果落在茎、叶上，导致叶发病。叶部病斑为水渍状，后为浅褐色，有轮纹，边缘明显，病斑中间有时产生褐色霉层。茎部被害，引起病部腐烂，严重时可造成整株死亡。

（2）传播途径及发病条件　该病为灰葡萄孢侵染引起的真菌性病害，病菌主要在病残体上和土壤中越冬并成为初侵染源，靠气流、水溅和农事操作进行传播，形成再侵染，病花和病果也可造成再次侵染。温度20℃左右，阴天光照不足，保护地湿度大，通风不及时，相对湿度在90%以上，结露时间长，是灰霉病发生蔓延的重要条件。若温度高于30℃，相对湿度在90%以下，则病害停止蔓延。

（3）防治方法　①加强栽培管理，增强光照，加强通风，膜下浇水，切忌阴天浇水，防止湿度过大。清洁田园，及时摘除病花、病瓜、病叶并带出田外集中销毁。②药剂防治。发病初期可选用10%腐霉利烟剂或45%百菌清烟剂，每次每667米^{2}250克，熏3～4小时。也可用粉尘剂于傍晚喷洒，5%百菌清粉尘剂或6.5%甲霉灵粉尘剂，每次每667米²1千克。也可用50%腐霉利可湿性粉剂2 000倍液，或50%异菌脲可湿性粉剂1 500倍液，或75%百菌清可湿性粉剂600倍液，每6～7天用药一次，连续防治3～4次，要求药要喷到花及幼瓜上。在始花期点花时加入0.1%用量的50%腐霉利可湿性粉剂或50%异菌脲可湿性粉剂蘸花或喷花效果明显。

5.潜叶蝇

（1）为害特征　幼虫孵化后潜食叶肉，呈曲折蜿蜒的食痕，黄瓜苗期2～7叶受害多，严重的潜痕密布，致叶片发黄、枯焦或脱落。虫道的终端不明显变宽，是该虫与线斑潜蝇、南美斑潜蝇、美洲斑潜蝇的区别特征。

（2）防治方法　①生物防治：释放姬小蜂、反颚茧蜂、潜蝇茧蜂等，这3种寄生蜂对斑潜蝇寄生率较高。施用昆虫生长调节剂类，可影响潜叶

潜叶蝇为害黄瓜叶片

蝇成虫交配、卵孵化和幼虫蜕皮、化蛹等。②药剂防治：40%仲丁威·稻丰散乳油600～800倍液，防治时间掌握在发生高峰期，5～7天1次，连续防治2～3次；昆虫生长调节剂5%定虫隆乳油2 000倍液、5%氟虫脲乳油2 000倍液，对潜蝇科成虫具不孕作用，用药后成虫产的卵孵化率低；用50%辛硫磷乳油1 000倍液，在发生高峰期，5～7天喷施1次，连续2～3次，采收前7天停止用药。

6．白粉虱

（1）为害特征　白粉虱分泌大量蜜液，严重污染叶片和果实。成虫和幼虫群聚为害叶部，并引起煤污病。

（2）防治方法　①培育无虫苗：育苗前熏蒸温室杀灭残余虫口，清除杂草残株，在温室通风口加一层尼龙纱避免外来虫源。②尽量避免混栽：特别是黄瓜、番茄、菜豆不能混栽。调整生产茬口也是有效的方法，即头茬安排芹菜、甜椒等白粉虱为害轻的蔬菜，二茬再种黄瓜、番茄。

白粉虱为害黄瓜叶片

③摘除老叶并烧毁：老龄若虫多分布于下部叶片，茄果类整枝时适当摘除部分老叶，深埋或烧毁以减少种群数量。④释放丽蚜小蜂：当白粉虱成虫在0.5头/株以下时，每隔两周释放丽蚜小蜂成蜂15头/株，共释放3次。⑤黄板诱杀：在温室设置黄板(1米×0.7米纤维板或硬纸板，涂成黄色，再涂上一层黏油)，每667米²用32～34块，诱杀成虫效果显著。黄板设置于行间，与植株高度相平，黏油一般使用10号机油加少许黄油调匀，7～10天重涂1次。注意防止油滴在作物上造成烧伤。

图书在版编目（CIP）数据

土壤熏蒸与黄瓜高产栽培彩色图说 / 李园，曹坳程
著 . — 北京：中国农业出版社，2020.1
（农药减量控害实战丛书）
ISBN 978-7-109-25970-6

Ⅰ . ①土… Ⅱ . ①李… ②曹… Ⅲ . ①黄瓜－蔬菜园
艺－土壤－熏蒸－图解 Ⅳ . ①S642.2-64

中国版本图书馆CIP数据核字(2019)第218878号
TURANG XUNZHENG YU HUANGGUA GAOCHAN ZAIPEI CAISE TUSHUO

中国农业出版社出版
地址：北京市朝阳区麦子店街18号楼
邮编：100125
责任编辑：阎莎莎 张洪光
责任校对：刘飔雨
印刷：中农印务有限公司
版次：2020年1月第1版
印次：2020年1月北京第1次印刷
发行：新华书店北京发行所
开本：880mm×1230mm 1/64
印张：1.75
字数：47千字
定价：15.00元